U0618239

稻 飞 虱 防 治 图 册

Pictorial Handbook of Rice Planthoppers Management

杨长举　华红霞等　编著

科 学 出 版 社

北 京

内 容 简 介

　　本书系统地介绍了我国稻飞虱的种类、各虫态的形态特征、生物学特性、成灾原因及其防治新技术。同时介绍了稻飞虱34种主要天敌的形态识别和生活习性，其中捕食性和寄生性天敌昆虫15种，稻田蜘蛛19种。为使介绍内容直观生动、易读易懂，书中所附插图全部用彩色原图，共计85幅。

　　本书可供广大稻农、植保技术人员和农业院校师生使用和参考。

图书在版编目（CIP）数据

稻飞虱防治图册／杨长举等编著. —北京：科学出版社，2010
ISBN 978-7-03-029345-9

Ⅰ. ①稻… Ⅱ. ①杨… Ⅲ. ①稻-飞虱科-防治-图解 Ⅳ. ①S435.112-64

中国版本图书馆CIP数据核字（2010）第208696号

责任编辑：丛 楠 ／ 责任校对：纪振红
责任印制：徐晓晨 ／ 封面设计：耕者设计工作室

科 学 出 版 社出版
北京东黄城根北街 16 号
邮政编码：100717
http://www.sciencep.com

北京东华虎彩印刷有限公司 印刷
科学出版社发行　各地新华书店经销

*

2010年11月第 一 版　　开本：787×1092 1/16
2018年 3 月第二次印刷　　印张：6 1/2
字数：150 000

定价：58.00 元
（如有印装质量问题，我社负责调换）

编委会名单

主　编：杨长举　华红霞

副主编：林拥军　何光存　翟保平　吕仲贤　何予卿　傅　强

编　委：华中农业大学　　　　　　林拥军　何予卿　华红霞
　　　　　　　　　　　　　　　　杨长举　薛　东

　　　　武汉大学　　　　　　　　何光存

　　　　浙江大学　　　　　　　　娄永根　唐启义　祝增荣

　　　　南京农业大学　　　　　　翟保平　张春玲

　　　　中国水稻研究所　　　　　傅　强　罗　举

　　　　浙江省农科院植保所　　　吕仲贤

　　　　广西农科院植保所　　　　黄凤宽　吴碧球

　　　　湖南省农科院植保所　　　彭兆普　肖永和

　　　　江苏省农科院植保所　　　郭慧芳

　　　　湖北省农科院植保所　　　陈其志　万丙良

　　　　安徽农业大学　　　　　　林华峰　黄衍章

　　　　扬州大学　　　　　　　　刘　芳

　　　　广东省农科院植保所　　　肖汉祥　黄昌盛

　　　　江西省农科院植保所　　　姚英娟

序

　　稻飞虱是水稻最重要的害虫，经常暴发成灾，对我国水稻生产构成严重威胁。因此，稻飞虱的绿色高效防控对保障我国粮食安全具有重要的意义。

　　近年来，在国家农业公益性行业专项"水稻褐飞虱综合防控技术研究"资助下，华中农业大学等14个大专院校、科研院所对褐飞虱综合防控技术开展了合作研究，取得了阶段性的成果。《稻飞虱防治图册》就是对其中部分成果的展示。

　　在本书中，编著者以此"专项"取得的最新研究成果为基础，用大量高质量的彩色照片和简练的文字，描述了褐飞虱、灰飞虱和白背飞虱等几种主要稻飞虱的形态特征和生活习性，图文并茂，知识性强。

　　本书还针对目前稻飞虱防治中存在的水稻抗虫品种缺乏、滥用化学农药和害虫抗药性严重等突出问题，以实现水稻生产"资源节约、环境友好"为出发点，吸纳国内外现有稻飞虱防控技术和经验，重点推介了一些新的水稻抗虫品种，并强调通过健身栽培和生态控制等绿色防治措施减少农药施用，降低虫害。

　　全书内容直观生动、易读易懂、既科学又实用，读者面宽，可作为广大稻农、植保工作者用于稻飞虱防控的工具书。

　　希望本书的出版能为我国稻飞虱治理水平的提升和水稻生产的可持续发展作出重要贡献。

张启发　院士

华中农业大学

2010年9月

前　　言

在国家农业公益性行业科研专项资助下，2008～2010年华中农业大学、武汉大学、浙江大学、南京农业大学、中国水稻研究所、浙江省农科院植保所、广西农科院植保所、湖南省农科院植保所、江苏省农科院植保所、湖北省农科院植保所、安徽农业大学、扬州大学、广东省农科院植保所、江西省农科院植保所等14个单位联合，对褐飞虱综合防控技术进行了系统研究，取得了重要研究成果。为了满足现代水稻生产应用的需要，这些单位在此研究基础上编著了《稻飞虱防治图册》一书。

本书坚持科技著作编著创新，以大量自拍彩图介绍稻飞虱的有关科学知识和综合防治技术，力求体现知识介绍的科学性、先进性、生动性和实用性。全书约2.8万字，原色彩图85幅。

《稻飞虱防治图册》既是基层农业科技人员和农民的一本实用科技读物，也可作为农业大专院校师生、农业科研人员的重要参考书。

在本书编著过程中，湖北大学陈健、刘凤想、彭宇教授帮助鉴定蜘蛛种类，研究生徐雪亮、许昕参加拍照，在此一并表示感谢。

由于编著者水平所限，书中难免有错误或不妥之处，恳切希望读者给予指正。

编著委员会

2010年9月

目　　录

第一章 稻飞虱的种类与形态识别

稻飞虱属同翅目，飞虱科。在我国为害水稻的稻飞虱主要有褐飞虱、白背飞虱、灰飞虱等，其中以褐飞虱发生和为害最重，白背飞虱次之。稻飞虱属于不完全变态，一生包括卵、若虫、成虫三个虫态。成虫分为长翅型和短翅型。若虫、成虫体色有深、浅两型。

一、褐飞虱 *Nilaparvata lugens* Stål

成虫　长翅型成虫体长（含翅）3.6~5.0毫米，短翅型成虫体长2.5~4.0毫米。成虫中胸背面有三条显著的灰黄色隆起线。雌成虫体大，雄成虫体小。翅斑为黑褐色。深色型个体头顶和前胸背板为褐色，腹部为黑褐色；浅色型个体胸部和腹部大部分为黄褐色或淡黄色。短翅型成虫主要特征同长翅型。深色型和浅色型成虫特征见图1-1、图1-2。

长翅型雄成虫

长翅型雌成虫

短翅型雄成虫

短翅型雌成虫

图1-1　褐飞虱深色型成虫

长翅型雄成虫　　　　　　　　　　　长翅型雌成虫

短翅型雄成虫　　　　　　　　　　　短翅型雌成虫

图1-2　褐飞虱浅色型成虫

若虫　褐飞虱若虫有5龄。深色型各龄形态特征如下。1龄：体长约1.1毫米，体黄白色，无翅芽，中、后胸后缘平直，腹部背面有乳白色"吕"形斑纹。2龄：体长约1.5毫米，体黄褐色，无翅芽，后胸后缘呈"⌒"形弯曲，"吕"形斑纹内渐见暗褐斑，至后期"吕"形斑纹不明显。3龄：体长约2.0毫米，体黄褐色至暗褐色，翅芽初现，前翅芽尖端未达到后胸后缘，腹部第3、4节背面各有一对较大的三角形浅色斑纹，第5～7节背面有"山"字形浅色斑纹。4龄：体长约2.4毫米，前翅芽尖端伸达后胸后缘，体色和腹部背面斑纹同3龄。5龄：体长约3.2毫米，前后翅芽尖端接近或前翅芽尖端超过后翅芽尖端，前翅芽尖端伸达腹部第3～4节，体色和腹部背面斑纹同3、4龄。深色型若虫特征见图1-3。

1龄　　　　　　2龄　　　　　　3龄

4龄　　　　　　5龄

图1-3　褐飞虱深色型若虫

浅色型1龄若虫体色为乳白色，2～5龄体色为淡黄色，腹部斑纹颜色较浅，见图1-4。

1龄   2龄   3龄

4龄   5龄

图1-4 褐飞虱浅色型若虫

卵 褐飞虱产卵具隐蔽性，雌成虫将卵产在叶鞘组织内，卵帽稍露出，10～20多粒卵呈行排列，前部单行，后部排成双行。卵粒长约0.89毫米，香蕉形，初产乳白色，渐变淡黄色，近孵化时出现红色眼点。产卵痕初呈黄白色，后变为褐色条斑。产卵痕及其内的卵块见图1-5。

产卵痕

产卵痕内的卵块

图1-5 褐飞虱产卵痕及卵块

二、白背飞虱 *Sogatella furcifera* (Horvath)

成虫　长翅型成虫体长（含翅）3.8～4.5毫米，短翅型雌成虫体长2.5～3.5毫米，未发现短翅型雄成虫。长翅型成虫中胸背面中部黄白色，两侧黑褐色。翅斑黑褐色。深色型成虫体色为黑褐色，浅色型成虫体色为黄褐色。短翅型雌成虫主要特征同长翅型。深色型和浅色型成虫见图1-6、图1-7。

长翅型雄成虫

长翅型雌成虫

短翅型雌成虫

图1-6　白背飞虱深色型成虫

长翅型雄成虫

长翅型雌成虫

短翅型雌成虫

图1-7　白背飞虱浅色型成虫

若虫　白背飞虱若虫共5龄，3～5龄若虫有深浅两种色型。1～2龄及深色型各龄形态特征如下。1龄：体长约1.1毫米，体灰白色或灰黑色，无翅芽，中、后胸后缘平直，腹部背面有"丰"字形浅色斑纹。2龄：体长约1.3毫米，体浅灰色或灰褐色，无翅芽，中胸后缘稍向前凹入，胸背现不规则的云状斑纹。3龄：体长约1.7毫米，石灰色，可见翅芽，前翅芽尖端未达到后胸后缘，腹背第3～4节各有一对乳白色大斑，第6节背面有淡色横带。4龄：体长约2.2毫米，前后翅芽尖端十分接近，体色和腹部背面斑纹同3龄。5龄：体长约2.9毫米，前翅芽尖端超过后翅芽尖端，且前翅芽尖端伸达第3～4腹节，体色和腹部背面斑纹同4龄。1～2龄若虫和深色型3～5龄若虫见图1-8。

1龄　　　　　2龄　　　　　3龄

4龄　　　　　　　　5龄

图1-8　白背飞虱1～2龄及深色型3～5龄若虫

浅色型若虫至3龄后体背无明显斑纹，呈乳白色，见图1-9。

3龄

4龄

5龄

图1-9　白背飞虱浅色型若虫

卵　白背飞虱雌成虫将卵产在叶鞘组织内，卵帽不露出，5～10粒，甚至更多的卵呈单行排列。卵粒长约0.8毫米，尖辣椒形，初产白色，渐变淡黄色，近孵化时出现红色眼点。产卵痕及其内的卵块见图1-10。

产卵痕

产卵痕内的卵块

图1-10　白背飞虱产卵痕及卵块

三、灰飞虱 *Laodelphax striatellus* Fallen

成虫　长翅型成虫体长3.5～4.0毫米，短翅型成虫体长2.3～2.5毫米。雌成虫中胸背面中部淡黄色，两侧有半月形的褐色或黑褐色斑。雄成虫中胸背板几乎全为黑色。短翅型成虫翅达腹部末端。翅斑黑褐色。深色型成虫胸部、腹部背面大部分黑褐色，浅色型成虫胸部、腹部背面大部分淡黄色。灰飞虱长翅型、短翅型成虫及深、浅色型成虫见图1-11。

深色型长翅雄成虫　　　短翅型雌成虫　　　深色型长翅雌成虫

浅色型长翅雄成虫　　　浅色型长翅雌成虫

图1-11　灰飞虱成虫

若虫　灰飞虱若虫多为5龄。深色型各龄形态特征如下。1龄：体长1.0～1.1毫米，无翅芽，中、后胸后缘平直，体乳白色至淡黄色，胸腹背面正中为白色。2龄：体长1.1～1.3毫米，无翅芽，中胸后缘稍向前凹入。体背面灰黄色，但正中有明显的乳白色纵带。3龄：体长约1.5毫米，翅芽初现，体灰褐色，胸部背面有不规则的灰色斑纹，腹部背面两侧颜色较深，中央颜色较淡。第3、4腹节背面有"八"字形浅色斑纹，第6～8腹节背面有浅色的断续横带。4龄：体长1.9～2.1毫米，前翅芽达到第1腹节，后翅芽尖达第3腹节，胸背正中的白纹消失，其余同3龄。5龄：体长2.7～3.0毫米，前翅芽尖达第3腹节后缘并盖住后翅芽尖，腹背节间出现淡色环圈，其余同第3、4龄。深色型若虫见图1-12。

1龄　　　　　2龄　　　　　3龄

4龄　　　　　5龄

图1-12　灰飞虱深色型若虫

　　浅色型若虫胸、腹部背面或胸、腹部背面中央无明显斑纹，腹部背面两侧色稍深，中央色浅淡，见图1-13。

1龄　　　　　　　　2龄　　　　　　　　3龄

4龄　　　　　　　　5龄

图1-13　灰飞虱浅色型若虫

卵　灰飞虱雌成虫将卵产在叶鞘组织内，卵帽稍露出，2～5粒卵呈行排列，前部单行，后部排成双行。卵粒茄子形，初产时乳白色，孵化前出现紫红色眼点。产卵痕及其内的卵块见图1-14。

产卵痕

产卵痕内的卵块

图1-14　灰飞虱产卵痕及卵块

第二章　稻飞虱的生物学特性

一、褐飞虱

1. **越冬习性**　褐飞虱为南方性害虫，在我国越冬情况可划分为三个区域：不能越冬区、少量间歇越冬区和安全越冬区。不能越冬区为北纬25°以北，1月平均温度低于10℃的广大地区。少量间歇越冬区在北纬20°～25°，1月平均温度为10～16℃的地区，如岭南地区。安全越冬区为北纬21°以南，1月平均温度在16℃以上的地区，包括常年少量越冬区和终年繁殖区，如海南岛的陵水、崖县等地，褐飞虱可终年繁殖，无越冬现象。褐飞虱越冬区域见图2-1。

不能越冬区 ●
北纬25°以北
最冷月平均温度在10°C以下

少量间歇越冬区 ●
雷州半岛中部北纬21°～25°

常年少量越冬区 ●
自海南岛中部北纬19°～21°

终年繁殖区 ●
海南五指山分界岭以南
最冷月平均气温在19°C以上水稻可
周年种植生长

图2-1　褐飞虱在我国越冬区域（胡高提供）

2. 迁飞习性　研究证明，褐飞虱为远距离迁飞性害虫，在我国每年随春夏暖湿气流由南向北推进，褐飞虱由热带繁殖地区迁飞至亚热带，再由亚热带迁飞至温带地区。秋季则随大陆反气旋的南移出现由北向南的回迁。我国绝大部分稻区的初始虫源是由南方逐渐迁飞而来。因此，每年不同稻区发生迟早不同，在同一稻区不同年份发生轻重不同。褐飞虱迁飞路线及迁入量见图2-2。

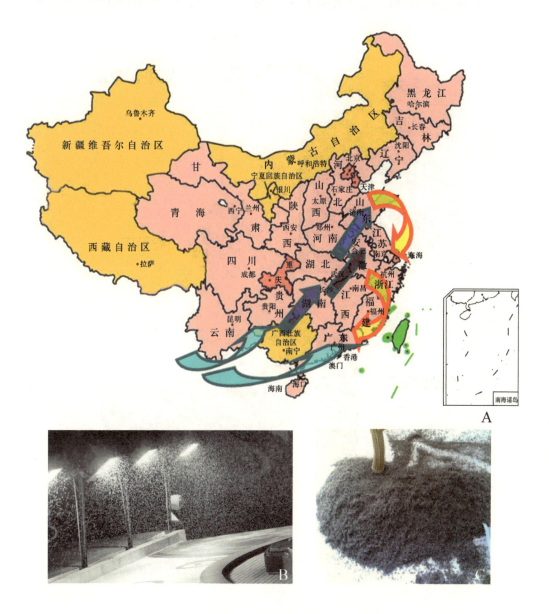

图2-2　褐飞虱迁飞路线及迁入量

A. 迁飞路线；B，C. 2006年后期褐飞虱大量迁入江淮流域

3. 褐飞虱具翅型分化现象　　褐飞虱若虫在生长发育过程中，调节翅发育的基因受外界环境条件的影响，翅型发生分化，产生长翅型成虫和短翅型成虫。褐飞虱雌虫和雄虫均有长、短翅型分化。翅型分化与水稻植株营养状况和虫口密度等因素有很大关系，一般植株营养状况差或虫口密度过高，易产生长翅型成虫。长翅型成虫可远距离迁飞，短翅型成虫为居留型，留在本地稻田继续大量繁殖为害。褐飞虱翅型分化见图2-3。

图2-3　褐飞虱翅型分化

　4. 群集为害习性与为害状　褐飞虱喜欢阴湿环境，成虫和若虫常群集在稻丛中、下部，利用象针一样的刺吸式口器刺吸汁液。水稻开始出现变色斑点、稻叶发黄，为害严重时稻茎变褐腐烂，成团或成片倒伏枯死，俗称"穿顶"、"冒穿"或"虱烧"。除刺吸为害外，褐飞虱将卵产在叶鞘上产生的产卵痕影响水分和养分的输送，排泄的蜜露招致霉菌滋生，同时褐飞虱还能传播草丛矮缩病等病毒病。褐飞虱的为害可造成水稻严重减产，甚至颗粒无收。褐飞虱群集为害及为害状见图2-4、图2-5。

图2-4　褐飞虱群集为害

图2-5 褐飞虱为害状
A.叶鞘上出现变色斑点；B.叶鞘变褐枯死；
C.稻田出现冒穿；D.水稻成片倒伏枯死

5. **趋光性和趋嫩绿习性**　长翅型成虫有趋光性，以晚间8～11时扑灯最多，对双色灯及金属卤化物等的趋性更强。扑灯的成虫大多处于卵巢尚未发育成熟和交配之前。成虫的迁入、转移和扩散，都趋向分蘖盛期、生长嫩绿的稻田及孕穗、抽穗期的稻田，移栽不久或近黄熟的田块，迁入虫量较少。

二、白背飞虱

1. **越冬与迁飞**　白背飞虱越冬范围较褐飞虱稍广，在海南岛南部和云南最南部地区可周年繁殖，越冬北部界限约在北纬26°左右。在此以北的广大稻区尚未发现越冬。已证明白背飞虱为迁飞性害虫，在我国白背飞虱初期虫源主要由热带地区迁飞而来。一般在各稻区发生期比褐飞虱早。2010年在我国一些稻区，早稻孕穗、抽穗期因白背飞虱的严重为害而冒穿或全田倒伏枯死。

2. **具翅型分化现象**　白背飞虱雌成虫有长、短翅型分化；雄成虫仅为长翅型，未发现有短翅型。

3. **成虫、若虫为害习性与为害状**　白背飞虱成虫、若虫为害与褐飞虱十分相似，但群集拥挤习性较差，田间虫口密度稍高时，即迁飞转移。成虫、若虫取食部位比褐飞虱高，并有部分低龄若虫可在幼嫩心叶取食。稻株被害后，初期稻叶尖部变为棕红色，严重时稻叶全部变为棕红色，使水稻"冒穿"或倒伏枯死，呈一片棕红色。同时还可传播水稻黑条矮缩病等病毒病。白背飞虱群集为害和为害状见图2-6、图2-7。

图2-6　白背飞虱群集为害

图2-7　白背飞虱为害状

A.叶鞘出现变色斑点；　B.叶鞘枯死；

C.稻田出现冒穿；　D.水稻成片倒伏枯死

三、灰飞虱

1. 越冬　灰飞虱在我国各发生地区均可越冬。在南方稻区以若虫、成虫或卵在麦田、绿肥田及田边、沟边的禾本科杂草或再生稻上越冬。在华北等北方稻区以若虫在田边草丛、稻根丛或落叶下越冬，且以背风向阳、温暖潮湿处最多。1～2月最冷时，若虫躲在土隙、泥块下不活动。

2. 具翅型分化现象　灰飞虱成虫翅型变化稳定。对于雌成虫，越冬代以短翅型占多数，其余各代以长翅型占多数。雄成虫越冬代有长翅型和短翅型，但其余各代均为长翅型成虫。

3. 成虫、若虫为害习性与为害状　灰飞虱成虫、若虫的为害习性与褐飞虱相似。但灰飞虱寄主范围广，不耐高温且喜欢通透性良好的环境，在田间取食部位较高，并常向田边和生长嫩绿的稻苗上移动集中，因此田边和生长嫩绿的稻田成虫数量多，传播水稻矮缩病等病害也较重。一般在水稻生长前期发生重。灰飞虱是水稻黑条矮缩病、条纹叶枯病、小麦丛矮病和玉米矮缩病的传毒媒介。灰飞虱群集为害和为害状见图2-8。

图2-8　灰飞虱群集为害和为害状

A.群集为害；B.叶鞘枯死；C.被害稻株霉菌滋生

第三章　影响稻飞虱发生的环境条件

稻飞虱为暴发性害虫。据记载，1979~1999年的20年中，褐飞虱在我国黄淮稻区大发生的年份有6年，在北纬33°以南的江淮稻区及沿江和苏南稻区大发生的年份有10年，其中1980、1987、1991、1997年为特大发生年。苏北沿海地区由于海陆风对迁入虫源降落的影响，暴发频率更高，除上述年份外，还有1979、1983年为特大发生年。2005年我国褐飞虱大暴发，2006年再次特大暴发成灾。2006年褐飞虱在江苏、浙江、安徽、江西、湖北、河南及上海等省、市特大发生，给我国的水稻生产造成巨大影响。在湖北荆州等省市，市区及居民家中照明灯也布满褐飞虱成虫。稻飞虱的灾变与环境条件有密切关系，若成虫迁入早、迁入虫量大、气候及食料条件适宜，田间短翅型成虫比例高、数量大，天敌和人为控制力不足则常暴发成灾。

一、迁入期和迁入量

褐飞虱和白背飞虱初次虫源的迁入期和迁入量与当年的发生轻重有直接关系。迁入主峰早，基数大，则稻飞虱发生早，主害代发生量大，为害严重。虫源地飞虱的发生情况会直接影响迁入地的稻飞虱发生。一般年份，在我国南方稻区可为害早稻和晚稻；在长江中下游稻区和华东等稻区，褐飞虱在8~9月为害中稻和晚稻。

二、气候

影响稻飞虱发生为害的最主要气候因素是温度和湿度。

1. 温度　稻飞虱生长发育的最适宜温度范围为26~28℃。一般盛夏不热，晚秋（9~10月）温度偏高，稻行间的气温为26~28℃时，极有利于褐飞虱的发生。白背飞虱对温度适应范围较广。灰飞虱对高温适应性差，发育最适温度在25℃左右。

2. 雨量和湿度　褐飞虱和白背飞虱属喜湿的种类，多雨及高湿对其发生有利。6~9月降雨日多，雨量适中，特别有利于褐飞虱和白背飞虱的发生。湿度偏低有利于灰飞虱的发生。

三、食料

在水稻不同生育阶段，以孕穗至开花期的水稻对褐飞虱生长发育和繁殖最有利。分蘗期、孕穗和抽穗前对白背飞虱最适宜。不同水稻品种对稻飞虱的抗性存在差异，抗虫品种对稻飞虱产生忌避、影响其生长发育或抗生等作用，因而抗性水稻品种能有效控制稻飞虱的种群数量。

四、稻田管理措施

管理措施不当会促使稻飞虱猖獗发生。重施或偏施氮肥、长期灌深水，有利于稻飞虱发生。不合理地大量使用化学农药、长期使用单一农药、使用农药方法不当等会刺激稻飞虱取食及生殖、杀伤稻飞虱天敌、增加稻飞虱抗药性，导致稻飞虱的猖獗。

五、天敌

天敌对稻飞虱种群数量有很大的控制作用。稻飞虱的天敌种类很多，常见的捕食性天敌有蜘蛛、瓢虫、蟪类、隐翅虫等。稻飞虱卵的寄生性天敌有稻虱缨小蜂类及其他小蜂类；稻飞虱成虫、若虫的寄生性天敌有螯蜂类寄生蜂、稻虱线虫和白僵菌等，见图3-1。

A B

C D

图3-1 线虫及白僵菌寄生状
A～C.稻飞虱若虫、成虫被线虫寄生状；
D.白僵菌寄生状

第四章 稻飞虱发生的监测

由于褐飞虱和白背飞虱为迁飞性害虫，我国不同稻区每年发生的早晚和轻重有所不同，在同一地区不同年份的发生期和发生量也不同。因此，加强对褐飞虱和白背飞虱发生的监测，对稻飞虱的及时有效防治有重要意义。便于群众掌握的主要监测方法有灯光诱集监测和盆拍法监测等。

一、灯光诱集监测

利用佳多频振灯或黑光灯诱测，每30～50亩①安装一盏灯，挂灯方法可根据地形确定，一般诱虫灯的接虫口离地面的高度以1.5米左右为宜。每天傍晚开灯，清晨关灯，并统计诱虫量。若灯下虫量突增，表明稻飞虱将大量迁入或大量羽化。根据诱虫灯下的虫量可预测稻飞虱发生的轻重。灯光诱集监测方法见图4-1。

图4-1　灯光诱集监测
A. 诱虫灯；B. 诱集的稻飞虱

_____

① 1亩=666.7m²。

二、盆拍法监测

利用塑料面盆拍虫，先用清水将面盆内壁湿润，把面盆放在稻丛基部，用手轻轻拍打稻丛，使稻飞虱落入盆内，然后统计虫数，当百丛水稻虫量达到1500头以上时，应及时进行防治。或调查发现短翅型成虫大量出现，则表明稻飞虱将大发生，因为短翅型成虫为居留型，在当地繁殖，且繁殖量大。盆拍法监测见图4-2。

图4-2　盆拍法监测

第五章　稻飞虱的防治方法

2008～2010年国家农业公益性行业计划"水稻褐飞虱综合防控技术"项目研究表明：以水稻抗虫品种和健身栽培为基础，改变稻田生态环境，保护和利用自然天敌及其他有益生物，并配合应用高效低毒的化学农药，可安全、有效地控制稻飞虱的发生与为害。

一、培育和利用抗虫水稻品种

实践证明，培育和利用抗虫品种是防治稻飞虱的最经济、安全、有效的措施。

2008～2009年华中农业大学等6个单位协作研究，从737份早稻、中稻和晚稻材料中筛选出一批抗褐飞虱水稻品种（系）。表现抗—中抗的中稻品种（系）有：广两优15、Y两优15、浙粳22、华1971A/08HN2001、华2048A/08HN2004、华1971A/08HN2002、中9A/1462、华2048A/08HN2002、华1971A/08HN2003、华2048A/08HN2001、广两优476、华1517A/08HN2003、中浙优1号、中组14、宜优845、黄华占6号等。表现抗—中抗的早、晚稻品种（系）有：玉香油占、粳籼89、佛山油占、90～572、桂引901、华香优1462、多抗5号、多抗丝占、丰优191等。这些水稻品种（系）在水稻苗期和成株期都表现出较强抗虫性，并且水稻产量也较高，为褐飞虱综合治理提供了抗性水稻品种基础。

对于抗稻飞虱水稻品种，一是要不断地进行培育，二是要合理地布局和利用。虫源地与迁入稻区之间、不同省份稻区之间最好种植具有不同抗虫基因的水稻品种；抗虫品种应每年轮换种植；水稻品种种植要具多样性，在一个地区大力推广抗虫品种的同时，也应适当种植一些抗虫性相对较小但丰产性状好的水稻品种，发挥稻飞虱避难所的作用，延长抗虫品种的使用寿命；同时抗虫品种要与其他环境友好防治技术协调应用，以实现稻飞虱的可持续治理。

下面对一些已审定的抗虫水稻新品种和已育成的抗虫水稻新品系加以介绍。

广两优476（图5-1）

广两优476属感温型中熟籼型杂交组合，株型松散适中，株高约125厘米，剑叶中长、宽、直立。谷粒长形，稃尖无色，千粒重约30克。穗部有少量短顶芒，穗长约25厘米。该中稻品种耐肥、需肥量较大，稻穗发育时期遇极端高低温易导致穗部顶端颖花退化。

在武汉地区五月上旬播种，全生育期约132天，比扬两优6号短4～6天。分蘖力强，早发性好，茎秆粗壮，耐肥抗倒，穗大粒多，结实率较高，后期叶青籽黄，熟色较好。

广两优476在肥力中等以上田块种植，亩有效穗数16万穗，每穗粒数约180粒，结实率80%以上，千粒重30克左右。稻米整精米率65.4%，垩白粒率22%，垩白度2.4%，直链淀粉含量15%，胶稠度85毫米，长宽比3.0，达到国标三级优质稻谷质量。

广两优476对白叶枯病Ⅱ型和Ⅳ型成株期抗性为1级，田间稻瘟病抗性和纹枯病抗性与扬两优6号相当，稻曲病发病较轻。对褐飞虱表现中等抗性。

图5-1 广两优476

广两优15（图5-2）

广两优15是华中农业大学用广占63S与华15组配而成的杂交中稻新品系。广占63S是由北方杂交粳稻工程技术中心和合肥丰乐种业股份有限公司共同选育的，华15是以华中农业大学以9311作为轮回亲本，华恢1462（*Xa21/Bph14/Bph15*）作为*Xa21/Bph14/Bph15*基因的供体亲本，通过一次杂交，三次回交并通过一次自交选育而成，且在杂交、回交和自交过程中每一代均利用分子标记辅助选择目标基因，最后获得株叶形态与9311基本一致且同时具有*Xa21/Bph14/Bph15*基因的株系，定名为华15。华15经白叶枯病人工接种鉴定表现为抗级水平，稻飞虱苗期人工接虫鉴定表现为1.9级（R），B5为0.8级（HR），而TN1为8.9级（HS），9311为8.6级（HS）；另外，广两优15为2.7级（R），扬两优6号为8.2级（HS）。经华中农业大学昆虫教研室田间全生育期稻飞虱抗性鉴定，同样表现为对稻飞虱具有较好的抗性作用。广两优15生育期比扬两优6号早3～5天，产量潜力与扬两优6号相当，具有较好的应用前景。

图5-2　广两优15

Y两优15 （图5-3）

　　Y两优15是华中农业大学用Y58S与华15组配而成的杂交中稻新品系。Y58S是由湖南杂交水稻中心选育。华15是华中农业大学以9311作为轮回亲本，华恢1462作为$Xa21/Bph14/Bph15$基因的供体亲本，通过一次杂交、三次回交并通过一次自交选育而成，且在杂交、回交和自交过程中每一代均利用分子标记辅助选择目标基因，最后获得株叶形态与9311基本一致且同时具有$Xa21/Bph14/Bph15$基因的株系，定名为华15。华15经白叶枯病人工接种鉴定表现为抗级水平，稻飞虱苗期人工接虫鉴定表现为1.9级（R），B5为0.8级（HR），而TN1为8.9级（HS），9311为8.6级（HS）；另外，Y两优15为2.7级（R），扬两优6号为8.2级（HS）。经华中农业大学昆虫教研室田间全生育期稻飞虱抗性鉴定，同样表现为对稻飞虱具有较好的抗性作用。2009年小区比较，Y两优15生育期比扬两优6号早5天，产量比扬两优6号增产2.64%，具有较好的应用前景。

图5-3　Y两优15

浙粳22（图5-4）

　　浙粳22是浙江省农科院作核所选育而成的大穗密穗型高产晚粳常规稻新品种，于2000年秋定型，取名为ZH222。2001年起参加各级试验和生产试种，2006年通过品种审定，适宜作单季晚稻和连作晚稻种植，并列入省级示范品种（湖州市和孚镇示范103亩）。2007年浙江省农业厅（浙农科发[2007] 5号文）发布列入省主导品种，是唯一一个适宜全省范围推广的晚粳稻主导品种，同时在萧山、余姚建立两个国家级新品种示范园，在湖州建立省级示范园。

　　浙粳22在浙江省连作晚稻两年区试中，平均亩产488.7公斤，比对照秀水63增产7.2%，两年均列第一位；2004年参加杭州市单季晚稻区试，平均亩产610.9公斤，占第一位，比对照品种秀水63增产9.4%；嘉兴市2004年单季晚稻区试，平均亩产比对照品种秀水63增产4.4%，达极显著水平；2004年单季晚稻续试，平均亩产比对照品种秀水63增产5.9%，达极显著水平。浙粳22熟期适中，产量较高，中抗稻瘟病，米质较好。在全省连作晚稻和单季晚稻种植中均表现出较高的产量水平。

图5-4　浙粳22

中组14　（图5-5）

　　中组14由中国水稻研究所通过不饱和回交、花药培养和分子标记辅助选择的有机结合，从五丰占2号//五丰占2号/IRBB5组合中选育的米质达到部颁优质米标准、产量与杂交组合协优46相当的中晚稻兼用型新品种，2006年2月通过浙江省农作物品种审定委员会审定。

　　中组14全生育期130天，株高90.5厘米，每亩有效穗数21.8万穗、成穗率67.3%，穗长20.0厘米，每穗总粒数138.6粒、实粒数106.9粒、结实率77.1%，千粒重21.5克，糙米率82.1%、精米率75.2%、整精米率62.3%；粒长6.6毫米，长宽比3.2，垩白粒率0，垩白度0，透明度1级，碱消值7.0，胶稠度49毫米，直链淀粉18.3%，蛋白质含量9.5%。糙米率、精米率、整精米率、垩白粒率、垩白度、碱消值、直链淀粉均符合部颁食用稻品种品质一等标准，蛋白质符合二等标准，胶稠度符合四等标准。依据NY/T593—2002《食用稻品种品质》标准进行检验，送样样品符合一等食用籼稻品种品质要求。该品种高抗白背飞虱，抗稻瘟病、白叶枯病和褐飞虱。

图5-5　中组14

玉香油占 （图5-6）

　　玉香油占属感温型常规早、晚稻品种。早稻全生育期126～128天。株高 105.6～106.4厘米，穗长21.1～21.6厘米，亩有效穗数20.3万穗，每穗总粒数128～136粒，结实率81.6%～86.0%，千粒重 22.6克。稻米外观品质鉴定为早稻1级至2级，中抗稻瘟病，中感白叶枯病。亩产量可达460～518公斤。

　　栽培技术要点：适时播植，培育壮秧；合理密植，亩插足8万～10万基本苗；耐肥抗倒性较强，选择中等或中等肥力以上的地区种植，施足基肥，早施重施分蘖肥；注意防治稻瘟病和白叶枯病。适宜广东省各地早、晚稻种植，但粤北稻作区早稻应根据生育期布局，慎重选择使用，栽培上要注意防治稻瘟病和白叶枯病。

图5-6　玉香油占

粳籼89 （图5-7）

粳籼89是广东省佛山市农科所用粳稻和籼稻杂交后代677再与IR36杂交育成的优质水稻品种，米质优良，早稻为1级，晚稻为特2级。属感温型品种，早、晚稻兼用。早稻在广东省中部地区全生育期135天左右，粤北稻作区不宜作早稻大面积种植。晚稻在中部地区全生育期110天左右。株高97.3～98.5厘米，分蘖力中等，茎秆粗壮，熟色特别好。

本品种属大穗型品种，丰产性好。平均每亩有效穗数20万，穗长20厘米，每穗总粒数120.8～156.0粒，其中实粒数101.6～129.8粒，结实率83.2%～84.1%，千粒重19.7～19.8克，平均亩产量 408.2～416.2公斤。抗病虫能力强，抗稻瘟病、白叶枯病，对褐飞虱种群数量具有明显的控制作用。

图5-7　粳籼89

多抗丝占（图5-8）

多抗丝占属感温型常规稻新品系。早稻全生育期126天左右。分蘖力强，株型中集，剑叶窄直，茎秆粗壮，抗倒力强，穗大粒多。平均株高98.20厘米，穗长22.30厘米，亩有效穗数22.50万穗，平均每穗总粒数115粒，结实率83.0%，千粒重20.6克。平均亩产476.2公斤。

该品系米质优良，米质鉴定为国标优质3级、省标优质2级，整精米率66.3%~72.5%，垩白粒率10%~12%，垩白度1.4%~1.7%，直链淀粉24.0%~24.7%。

该品系抗虫能力强，对稻飞虱和稻瘿蚊具有明显的控制作用。

图5-8　多抗丝占

多抗5号（图5-9）

　　多抗5号属感温型常规稻新品系。早稻全生育期125天左右。叶色浓，分蘖力强，抽穗整齐，穗大粒多，着粒密，熟色好，结实率较高。平均株高99.3厘米，穗长24.1厘米，亩有效穗数24.1万穗，平均每穗总粒数113粒，结实率83.8%，千粒重 22.0克，平均亩产491.7公斤。

　　该品系米质优良，整精米率60.6%，垩白粒率7%，垩白0.74%，直链淀粉23.68%，胶稠度55毫米，理化分60分，米质达国优三级。

　　该品系抗虫能力强，对稻飞虱和稻瘿蚊具有明显的控制作用。

图5-9　多抗5号

丰优191（图5-10）

丰优191原名为丰源A/湘恢191，是由湖南杂交水稻研究中心选育的三系杂交国审迟熟晚稻品种。该品种属籼型三系杂交水稻，在长江中下游作双季晚稻种植。全生育期平均123.9天，比对照汕优46迟熟2.7天。株高111.1厘米，植株高，长势繁茂，整齐度一般。每亩有效穗数18.1万穗，穗长24.7厘米，每穗总粒数123.4粒，结实率76%，千粒重30.1克。抗性两年平均表现：稻瘟病9级，白叶枯病7级，田间表现中抗褐飞虱。米质主要指标：整精米率55.5%，长宽比3.2，垩白率38%，垩白度7.6%，胶稠度61.5毫米，直链淀粉含量16.5%。三年区试平均产量为每亩471公斤。

栽培技术要点如下。培育壮秧：根据当地种植习惯与汕优46同期播种，每亩播种量12.5公斤，秧龄控制在32天以内。移栽：插植密度为16.7厘米×20厘米或20厘米×20厘米，每亩基本苗5万以上。肥水管理：基肥以有机肥为主，追肥前期重施，后期看苗施肥。防治病虫：注意防治稻瘟病和白叶枯病。

图5-10　丰优191

二、健身栽培

合理施肥和科学管水属于水稻健身栽培技术，可提高水稻自身抗虫能力和改变稻田小气候，对稻飞虱的发生为害有很显著的控制作用。要推广测土配方施肥，最好施用有机肥，控制氮肥施用量，按每亩施纯氮11～13公斤和氮、磷、钾比例1∶1∶1.4。早、晚稻约施50%氮肥作基肥，中稻施55%氮肥作基肥，磷、钾肥全部作基肥，见图5-11。适时追施分蘖肥和穗肥。稻田管水要做到浅灌勤灌（平掌水），分蘖末期（9～10片叶）排水晒田，见图5-12～图5-14。

图5-11 田间施基肥

图5-12　科学管水

图5-13　浅水勤灌

图5-14　适时晒田

三、保护和利用天敌

　　稻飞虱的自然天敌种类多，特别是稻田蜘蛛、稻飞虱寄生蜂等，不仅种类多，而且数量较大，对控制稻飞虱的发生与为害有重要作用，应加以保护和利用。自然天敌的主要保护措施有：

　　● 改变稻田生态环境，在田埂地边种植花期较长的芝麻、大豆、牧草等，增加稻田生态环境多样性，有利于保护稻飞虱寄生蜂和捕食性天敌蜘蛛等，并能显著降低稻飞虱的种群数量。

　　据2009年浙江省农业科学院调查，芝麻田中的稻飞虱寄生蜂的数量是农民自防稻田田埂上数量的4～10倍，特别是在农民使用农药后是100倍左右。生态控制区（种植芝麻）稻田中的稻飞虱寄生蜂的数量是农民自防稻田的2倍以上，特别是在农民使用农药以后（农民在水稻移栽后第45天使用农药)则是12倍。同时生态控制区（种植芝麻）稻田中的稻飞虱数量大大降低，见表5-1、图5-15、图5-16。

表5-1 生态控制区稻田和农民自防稻田稻飞虱数量（头/百丛）比较

（浙江，2009）

调查时间（月/日）		9/9	9/15	9/22	10/5
农民自防田 （9月10日用药）	白背飞虱	960	260	490	220
	褐飞虱	220	110	2680	1570
生态控制田 （田埂种芝麻）	白背飞虱	190	70	40	40
	褐飞虱	30	20	50	120

图5-15 田埂地边种植大豆

图5-16　田埂地边种植芝麻

● 早稻收割后田中灌水并丢草把，让蜘蛛爬到草把上，然后用人工将蜘蛛转移到其他稻田。秋冬季节在田埂边挖小土坑并盖稻草，保护蜘蛛安全过冬。

● 在寄生性天敌羽化盛期和蜘蛛幼蛛孵化盛期不要施药，选择使用对天敌杀伤小的化学农药，并尽量减少化学农药的使用次数和用量等。

四、稻鸭共育，控制稻飞虱

　　稻鸭共育技术是近年来兴起的一项稻田生态种养结合新模式，是以水稻田为基础、种植水稻为中心、家鸭野养为特点、生产优质稻米为目标，促肥控害的生态控制工程。通过适量养鸭，达到控草、除虫的效果，从而达到经济效益、社会效益、生态效益的和谐统一。

　　1. 稻鸭共育的控害作用及生态效益　稻鸭共育不仅能除草、增肥，而且对水稻害虫具有明显的控制作用，尤其是对稻飞虱和稻纵卷叶螟等害虫控制作用更为明显。据2009年浙江省农业科学院调查，在水稻分蘖盛期和齐穗期养鸭稻田的稻飞虱种群数量只有常规用药田的50%左右，可使化学农药使用减少1～2次。与常规用药相比，稻飞虱寄生性天敌和蜘蛛数量增加。水稻成熟期养鸭稻田的蜘蛛数量是农民自防稻田的7倍。2009年湖南晚稻稻鸭共育示范区褐飞虱线虫寄生率和稻虱缨小蜂寄生率分别比化防区高9.5%和9.6%。

2. 稻鸭共育经济效益　湖南宁乡对2009年稻鸭共育田与常规用药田和空白对照田的经济效益进行了比较（表5-2）。

表5-2　不同处理的水稻经济效益分析（湖南宁乡，2009）

处理	农药成本 元/亩	养鸭成本 元/亩	人工成本 元/亩	水稻产量 公斤/亩	水鸭收益 元/亩	总收益 元/亩
稻鸭共育	8	82	120	462.31	224	1216.0
常规用药	58	0	220	445.70	0	1131.2
空白对照	0	0	0	305.91	0	795.4

由表5-2看出，稻鸭共育田比常规用药田每亩增加收益84.8元，比空白对照田每亩增加收益420.6元。

3. 稻鸭共育技术要点（图5-17）

图5-17　稻鸭共育

选好稻、鸭品种

选好稻、鸭品种，培育健壮秧苗、鸭雏，是共育成功的基础。

水稻的品种，一般选择株高中上等、株型紧凑、茎粗叶挺、分蘖力强、抗逆性强的优质新品种。对于鸭子品种，可选用适于稻间放养的小中型个体，如绍兴麻鸭、半番鸭、灰汤贡鸭、荆江麻鸭、绍兴鸭、高邮鸭、小河鸭等。个体小的鸭在稻丛间行动灵活，食量较小，成本较低，露宿抗逆性强，适应性较广。

育鸭场所和材料的准备

按放养规模，准备育雏场所、饲料、防疫药品以及搭棚舍、围网的材料。育鸭室要建在地势高燥处，室内光线明亮，既能保温，又可通风；结构严密，能防兽害；水泥地面，便于消毒。

合理选择共育稻田

一般以路、渠、河、桥等自然农田地理基础条件设置共育区域。共育区域之间、区域与主道之间的一块水稻田不要放养鸭子，作为天然隔离带，也可采用围网隔离。并建立绿萍繁殖田，以便把绿萍撒到共育稻田作鸭的辅助饲料。

选好鸭苗，合理选择放鸭时期

水稻育秧与鸭孵化育雏时间大致相同，即所谓"谷浸种，鸭入孵"。鸭雏放养日龄要适当，防止鸭大起秧。一般在育雏10～15天后直接放入水稻田中；早春季节育雏稍长，15～30天左右；单季稻、晚稻季节，育雏7～10天。选择避开高温时间放入稻田中。水稻返青后至孕穗前为放鸭适期，一般放养密度为每亩12～15只鸭。放养前要采用呼唤、吹哨或敲击等方法，调教雏鸭下水，锻炼放牧。

稻鸭共育的田间管理

合理密植，适当开沟。整田时适当开沟，水稻宽行窄株种植，以利水鸭活动。一般行株距为26.4厘米×16.5厘米或29.7厘米×16.5厘米，2～3株/丛（杂交稻）或者5～6株/丛（常规稻），对于抛秧田需均匀抛秧。

按稻鸭需要施肥管水

稻田水肥管理应以水稻丰产要求为主，同时又要考虑鸭的生活习性。

水稻移栽前一次性施足肥料，以腐熟长效的有机肥、复合肥为主，施肥量视土质优劣而定；由于稻鸭能排泄尿粪，增加肥量，为防止水稻贪青，根据放鸭情况适当降低追肥的施入量。一般移栽后7天施追肥，促进稻苗早分蘖，以达到苗足株健。

水鸭在稻间觅食活动期间，田面应保持浅水层，以利于鸭脚踩泥搅混田水，起到中耕松土、促进根蘖生长发育的作用。周边无水沟或水塘供水鸭洗澡的稻田，需挖宽35厘米、深30厘米的丰产沟，并保持水深25厘米。抽穗期水鸭收回后，及时清沟、排水搁田，并进行田间湿润管理。

防止农药中毒及外敌伤害鸭群

稻田放鸭期间，田间害虫以被鸭捕食为主，结合安装频振灯诱杀，一般不用药剂防治。对尚不能控制的虫害病害，应选用低毒或无毒的生物农药。螟虫和纵卷叶螟为害严重时，可采用杀虫双、甲维盐等符合无公害生产要求的农药。禁用高毒农药，防止鸭直接中毒和二次中毒。农田灭鼠时应采用对畜禽无害无毒的药物，投饵地点应尽量选择鸭子吃不到的地方。杂草治理以鸭啄食和踩踏为主，一般不施用除草剂。此外，还应注意防止鹰、乌鸦、黄鼠狼、蛇类、鼠类、野猫等外敌对鸭群的伤害及鸭子外逃。

稻鸭共育的鸭苗疫病防治

做好疫病预防工作。在育鸭前1～2周，可用烧碱、百毒杀等对育雏室进行消毒。在每个共育稻田周围的鸭群栖息地应撒适量石灰。做好稻田鸭的免疫注射。严禁到刚发过鸭疫病的稻田中放养，发生鸭疫病稻田的灌溉水不能流经放鸭稻田。发现疫病鸭应及时隔离，并及时处理病死鸭。

鸭疫病主要有以下几种：一是由病毒引起的鸭瘟和鸭病毒性肝炎；二是由细菌引起的鸭霍乱（巴氏杆菌）、鸭大肠杆菌病（大肠杆菌）、鸭副伤寒（沙门氏菌）；三是由寄生虫引起的鸭球虫病和鸭绦虫病。鸭苗疫病应以预防为主。预防方法是：种鸭开产前和产蛋中未接种鸭肝炎弱毒苗的，其雏鸭在1日龄接种鸭肝炎弱毒苗；若种鸭接种了鸭肝炎弱毒苗的，其雏鸭7～10日龄再接种。7日龄接种鸭苗大肠杆菌多价灭活苗。10日龄接种禽流感油剂灭活苗。15～20日龄接种鸭瘟弱毒苗。30日龄接种禽霍乱蜂胶灭活苗。

五、化学防治

1. 常用化学杀虫剂　必要时配合应用高效低毒的化学农药对稻飞虱进行防治。2008～2009年全国协作，对60种化学农药的防治效果进行了筛选。结果表明，25%阿克泰WG（噻虫嗪）、25%吡蚜酮WP、25%噻嗪酮、3%甲维盐WG、40%毒死蜱·噻嗪酮EC、15%阿维菌素·噻嗪酮WP、40%噻嗪酮·仲丁威EC、40%吡蚜酮·异丙威WP、15.5%甲氨基阿维菌素苯甲酸盐·噻嗪酮EC、20%仲丁威EC、16%丁硫·仲丁威EC、20%速灭威、20%噻嗪酮·异丙威EC、25%优乐得WP（噻嗪酮、扑虱灵）、10%乙虫腈SC、48%毒死蜱（乐斯本）等农药对水稻褐飞虱均具有很好的速效性和持效性。48%毒死蜱（乐斯本）为中等毒性，可在应急时使用。同时研究表明噻虫嗪、吡蚜酮、噻嗪酮、吡虫啉、叶蝉散等药剂对捕食性天敌均无太大的影响。

噻嗪酮

噻嗪酮，又称扑虱灵，是噻二嗪酮化合物，为昆虫生长调节剂，属低毒农药，对人、畜安全。

剂型：25%乳油、25%可湿性粉剂、40%胶悬剂等。

作用方式：抑制昆虫几丁质合成导致害虫死亡，触杀作用强，也具有
　　　　　内吸和胃毒作用。

防治对象：可用于水稻、果树、蔬菜等作物的多种害虫防治，对同翅
　　　　　目的飞虱、叶蝉、粉虱及介壳虫类害虫有特效。

使用方法：防治稻飞虱、叶蝉类，每亩用25%可湿性粉剂30～40克，
　　　　　兑水50～60公斤喷雾稻丛中下部。

注意事项：远离养蚕场及水产养殖区施药。

吡蚜酮

吡蚜酮，又称吡嗪酮，为吡啶杂环类杀虫剂，属低毒农药，对人、畜、鸟类、鱼类安全。

剂型：25%可湿性粉剂、25%悬浮剂等。

作用方式：具触杀、内吸作用。

防治对象：主要用于防治刺吸式口器害虫。

使用方法：每亩用25%的可湿性粉剂16～20克，兑水50～60公斤喷雾稻丛中下部。

注意事项：远离水产养殖区施药；不能与碱性农药混用；避免孕妇及哺乳期妇女接触。

阿克泰

阿克泰，又称噻虫嗪、快胜等，属广谱性低毒烟碱类杀虫剂。

剂型：20%可湿性粉剂、25%水分散颗粒剂等。

作用方式：具胃毒及触杀作用。

防治对象：有效防治鳞翅目、鞘翅目、缨翅目、同翅目害虫，如各种蚜虫、叶蝉、粉虱、飞虱等。

使用方法：每亩用25%阿克泰水分散剂2～3克，兑水30～40公斤喷雾稻丛中下部。

注意事项：尽管本品低毒，但在施药时应遵照安全使用农药守则；对蜜蜂有毒。

噻嗪·异丙威

噻嗪·异丙威是由噻嗪酮和氨基甲酸酯类杀虫剂异丙威复配的农药。

剂型：25%噻嗪·异丙威可湿性粉剂（噻嗪酮5%，异丙威20%）。

作用方式：具有触杀和胃毒作用。

防治对象：稻飞虱、叶蝉等。

使用方法：每亩用100～150克，兑水50～60公斤喷雾稻丛中下部。

注意事项：对蜜蜂、家蚕、水生生物等有毒；不能与碱性的农药混用。

啶虫脒

啶虫脒的商品名称有比虫清、乙虫脒、力杀死、蚜克净、乐百农、赛特生、农家盼等。

啶虫脒属硝基亚甲基杂环类化合物，是一种新型广谱杀虫剂，对人畜低毒，对鱼毒性较低，对天敌和蜜蜂影响小。由于其作用机理与常规杀虫剂不同，所以对有机磷、氨基甲酸酯类及拟除虫菊酯类产生抗性的害虫有特效。

剂型：3%、5%乳油，1.8%、2%高渗乳油，3%、5%、20%可湿性
粉剂，3%微乳剂等。

作用方式：具有触杀、胃毒和较强的渗透作用。

防治对象：广泛用于水稻、蔬菜、果树、茶叶的蚜虫、飞虱、蓟马、
鳞翅目等害虫的防治。

使用方法：防治水稻飞虱，在低龄若虫发生盛期，3%天达啶虫脒乳
油用1000倍液喷雾稻丛中下部，防治效果达90%以上。

注意事项：本品为低毒杀虫剂，但对人、畜有毒，应加以注意；对桑
蚕有毒性，切勿喷洒到桑叶上；不可与碱性药液混用。

仲丁威

仲丁威，又称巴沙、扑杀威等。仲丁威属氨基甲酸酯类低毒杀虫剂。
对兔的皮肤、眼睛有很小的刺激性，在试验剂量下未见致畸、致突变、致
癌作用。对鱼低毒。

剂型：25%乳油、50%乳油等。

作用方式：具有强烈的触杀作用，并具有一定胃毒、熏蒸和杀卵作
用，作用速度快，但残效期短。

防治对象：对飞虱、叶蝉有特效，对蚊、蝇幼虫也有良好防效。

使用方法：防治稻飞虱、稻蓟马、稻叶蝉，每亩用25%乳油100～200
毫升，兑水50～60公斤喷雾稻丛中下部；防治三化螟、稻
纵卷叶螟，每亩用25%乳油200～250毫升，兑水50～60公
斤喷雾。

注意事项：不能与碱性农药混用；在稻田施药的前后10天，避免使用
敌稗，以免发生药害；中毒后解毒药为阿托品，严禁使用
解磷定和吗啡。

乐斯本

乐斯本，通用名毒死蜱，为广谱性有机磷杀虫剂，中等毒性。

剂型：48%乐斯本乳油等。

作用方式：对害虫具有触杀、胃毒和熏蒸作用。

防治对象：适用于棉花、叶菜、苹果、柑橘、水稻、甘蔗等作物。可
用于防治水稻的稻纵卷叶螟、稻蓟马、稻瘿蚊、稻飞虱、
稻叶蝉；小麦的黏虫、蚜虫；棉花的蚜虫、叶螨；蔬菜的

菜青虫、小菜蛾、豆荚螟；大豆的食心虫，柑橘的潜叶蛾、红蜘蛛，桃小食心虫等。

使用方法：在稻飞虱大发生时应急使用，在若虫盛发期，每亩用48%乐斯本乳油80～120毫升，兑水50公斤喷雾稻丛中下部。

注意事项：对鱼类及其他水生动物毒性较高，对蜜蜂有毒；不能与碱性农药混用。

吡虫啉

吡虫啉为烟碱类杀虫剂，在我国的商品名称很多，如海正吡虫啉、一遍净、蚜虱净、大功臣、康复多、必林等。属广谱、高效、低毒农药，对人、畜安全。

剂型：10%、25%可湿性粉剂，20%乳油等。

作用方式：具有触杀、胃毒和内吸等作用。

防治对象：主要防治飞虱、叶蝉、蚜虫、粉虱等刺吸式口器害虫。

使用方法：防治水稻褐飞虱，10%可湿性粉剂每亩用量10～20克，兑水50～60公斤喷雾稻丛中下部。

注意事项：远离养蜂场、养蚕场及水产养殖区施药；不能与碱性农药混用；在稻飞虱已产生抗药性地区，应选用其他杀虫剂。

2. 植物源农药防治　我国中草药植物资源丰富，其中许多中草药植物对稻飞虱有防治效果，应加强研究和利用。

石菖蒲 *Acorus gramineus* Soland

石菖蒲为天南星科多年生草本植物，在我国分布广泛，主产于湖北、湖南、四川、江苏、浙江等地，生物量大且易栽培，具芳香气味，略带泥腥气。石菖蒲是一种重要的传统中药材，具有多种药理及生理作用，已被广泛用于医学领域。石菖蒲根茎提取物对储粮害虫、稻飞虱等害虫有触杀、驱避、熏蒸等作用，有效杀虫成分为β-细辛醚和菖蒲烯酮等。将提取物配制成乳油并稀释后喷雾防治稻飞虱（图5-18）。

图5-18　石菖蒲植株（A）及其根茎（B）

水菖蒲 *Acorus calamus* **L.**

　　水菖蒲属天南星科菖蒲属植物，是一种喜生于潮湿沼泽地的多年生草本植物（图5-19），主产于湖北、湖南、辽宁、四川等地，此外，黑龙江、河北、山西、江苏、广东、广西等地也有分布。主要用作中药，同时水菖蒲的挥发油也用于啤酒等酒精类饮品的生产中。根茎提取物对储粮害虫、稻飞虱等害虫有触杀、驱避、熏蒸等作用，有效杀虫成分为β-细辛醚和菖蒲螺酮等。将提取物配制成乳油并稀释后喷雾防治稻飞虱。

图5-19　水菖蒲植株（A）及其根茎（B）

辣根 *Aymoracia yusticana* **(Lam.) Gaerth.**

辣根为十字花科多年生宿根植物，易人工栽培。其肉质根可食用，作为保健蔬菜或调料，同时具有药用价值。辣根提取物的有效杀虫成分为烯丙基异硫氰酸酯，称为辣根素，对害虫有很强的熏蒸和驱避作用。将辣根提取物拌细沙制成毒土，在水稻生长后期，排干田水，把毒土撒在稻丛基部防治稻飞虱（图5-20）。

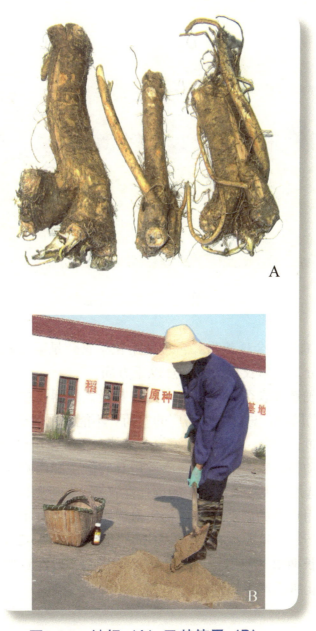

图5-20　辣根（A）及其使用（B）

3. 统防统治，提高防治效果　稻飞虱大量迁入后，涉及范围宽、面积大，一家一户不同步施药难以控制其为害。目前我国许多地区组织农作物病虫害专业防治队，加强技术培训，开展统防统治，这有利于根据防治指标及时对迁飞性稻飞虱开展大面积同步防治，有利于提高防治效果（图5-21）。

图5-21　统防统治

4. 化学农药的合理使用　合理使用化学农药是稻飞虱化学防治策略的重要组成部分。使用农药时应注意以下方面。

● 要正确选择农药种类。稻飞虱为刺吸式口器害虫，不能使用只有胃毒作用的农药防治；忌用杀虫谱广的农药；不能使用对稻飞虱繁殖有刺激作用的农药，如三唑磷、喹硫磷、溴氰菊酯等；不宜使用已使稻飞虱产生抗药性及对水生动物影响大的农药。应选用具有触杀和内吸作用的高效低毒农药，并尽量选用对天敌杀伤力小的选择性农药，如吡蚜酮、噻嗪酮等。

● 要采用正确的施药方法。稻飞虱成虫、若虫群集在稻丛中下部取食为害，因此药液一定要喷在稻丛中下部的稻茎上（图5-22）。

● 不要长期单一使用一种农药防治稻飞虱，要注意轮换用药或农药合理混用，防止害虫产生抗药性。

图5-22　喷药到稻株中下部

　　5. 化学农药的安全使用　田间施药时一定要遵守化学农药的安全操作规程，养成安全、文明施药的习惯，即使使用高效低毒化学农药也要注意安全，且不可麻痹大意。

　　● 喷药时要穿长袖衣、戴口罩、手套，做好安全防护（图5-23）。

图5-23　喷药安全防护

● 在田间，施药要从稻田下风头的一边开始，人行走的方向与风向垂直，人行走的稻行不能喷药，要隔行喷药，不使药液喷到身体上（图5-24）。

图5-24　田间安全施药方法

● 施药后要及时用肥皂洗手洗脸，防止附着的农药伤害身体，这也是农药安全使用的一个重要环节（图5-25）。

图5-25　施药后洗手洗脸

● 施完药后，空药瓶及农药包装物不要随意乱丢，要在远离水源的地方挖坑深埋，以免污染环境和对他人造成伤害（图5-26）。

图5-26　施药后深埋空药瓶及包装物

第六章　稻飞虱的常见天敌

稻虱缨小蜂 *Anagrus nilaparvatae* Pang et Wang

形态识别　成虫体长0.6~0.7毫米。雌蜂体黄色，中胸盾片至小盾片、腹部基部及端部背板和产卵器末端色较暗。触角9节，第3节特别短，末节较粗大。产卵器略超过腹末端。雄蜂体黄色，胸部及腹部背面色较暗，触角13节，末节不膨大（图6-1）。

生活习性　稻虱缨小蜂寄生于水稻褐飞虱、白背飞虱、灰飞虱、拟褐飞虱卵中，单寄生，被寄生的卵后期卵壳内透现红色。在28~30℃下约经历11天完成自卵到成虫的发育阶段。成虫羽化后当天产卵。它是水稻褐飞虱卵期的重要寄生蜂，有时寄生率达80%以上。

图6-1　稻虱缨小蜂

拟稻虱缨小蜂 *Anagrus paranilaparvatae* Pang et Wang

形态识别　本种为稻虱缨小蜂的近似种。其最大区别是，拟稻虱缨小蜂雌蜂的触角第3节不是特别短，腹部腹面斜上倾至腹末，产卵器自腹基伸出，沿腹面向上斜倾，但其末端不伸出腹末端（图6-2）。

生活习性　常与稻虱缨小蜂混同发生，一起成为稻飞虱卵期的重要寄生性天敌。

图6-2　拟稻虱缨小蜂

孔雀缨小蜂 *Mymar* sp.

形态识别　本种的显著识别特征是：雌蜂触角9节，第4节特别长，末节膨大成棒节，雄蜂触角12节，末节不膨大；前翅前端处具有一个较大的近椭圆形黑褐色斑纹，形如雄性孔雀开屏的羽毛（图6-3）。

生活习性　与稻虱缨小蜂相同，与稻虱缨小蜂混同发生，但数量较少，亦是稻飞虱卵期的重要寄生性天敌。

图6-3　孔雀缨小蜂

稻虱寡索赤眼蜂 *Oligosita* sp.

形态识别　成虫体长0.6毫米左右。触角黄色7节，梗节较长，环状节细小横形，索节1节近球形，棒节3节。前翅缘毛甚长，亚缘圈毛整齐完整。头黄褐色，体黄色，中胸、并胸腹节侧面及各腹节背板后缘黑褐色。足黄色，但中后足基节和各足跗节末端黑褐色（图6-4）。

生活习性　寄生于稻褐飞虱卵内。有时寄生率高达50%。

图6-4　稻虱寡索赤眼蜂

稻虱红螯蜂 *Haplogonatopus japonicus* Esaki et Hashimoto

形态识别　雌蜂体长约3.5毫米，无翅，似蚁。体赤褐色；头顶、复眼、腹柄、有时腹末3节均为黑色；触角基部3节和末节黄色，其余黑褐色。触角10节，第1节大，第3节细长，以后各节渐宽且以末节最长。前足第五跗节甚长，与爪形成螯，爪内侧各有9～10个齿状突起。雄蜂体长约2.5毫米，有翅。体完全黑色，触角大致黑色，足黄褐色，各基节带褐色。触角10节，基部2节短，其余约等长，密生刚毛。翅透明，前翅基部有2个较大基室（图6-5）。

生活习性　寄生于灰飞虱、白背飞虱的成虫和若虫，若虫以4、5龄的为主，成虫多为雌性飞虱。稻虱红螯蜂成虫亦可捕食低龄飞虱若虫。稻虱红螯蜂寄生飞虱若虫有时可达80%左右，但稻虱红螯蜂的茧常被绒茧金小蜂、菲岛黑蜂等寄生。

图6-5　稻虱红螯蜂

两色螯蜂 *Echthrodelphax bicolor* Esaki et Hashimoto

形态识别　雌蜂体长约2.8毫米，有翅，体淡黄褐色；复眼、单眼、中后胸及并胸腹节、腹柄为漆黑色，有光泽；头顶、腹部第一背板、第二背板前半部带黑褐色（个体间有差异）。触角10节，第3～7节或第3～9节稍带褐色。前足第五跗节顶端有12个篦状齿排成一簇，爪内侧有4个棘齿。翅透明，稍带淡黄色，翅脉简单。雄蜂体长约1.8毫米。头胸部黑色，腹部暗褐色。触角10节，基部两节粗短，淡黄褐色，余暗褐色，翅薄，翅脉简单。足正常（图6-6）。

生活习性　寄生于灰飞虱、白背飞虱和褐飞虱成虫和若虫上。

图6-6　两色螯蜂

大眼长蝽 *Geocoris tricolor* Fabricius

形态识别 成虫体长3.5~4.0毫米。头橘红色，头顶中央向前突出。触角第2、3节黑色，第1节基半部和第4节黄褐色，第5节橘黄色。复眼突出，栗色，单眼橘红色，排在头顶两边。前胸背板及小盾片黑色。膜翅半透明。腹背暗黑色，体腹面黑色。足黄褐色（图6-7）。

生活习性 捕食褐飞虱及其他飞虱，也能捕食鳞翅目的卵和小幼虫及叶蝉类的各个虫态。

图6-7 大眼长蝽

黑肩绿盲蝽 *Cyrtorrhinus liuidipennis* Reuter

形态识别　雌成虫体长3.0～3.2毫米，雄成虫体长2.9～3.1毫米。体黄绿色。头部中央前方至头顶中央具黑褐色斑纹；前胸背板后方两侧各有一块黑色的肩斑，中胸小盾片为黑褐色（图6-8）。

生活习性　黑肩绿盲蝽的卵单产于水稻叶鞘或中脉的组织内，卵顶端有近圆形的卵盖，露出植株表面。本种若虫、成虫多在水稻中下部尤其是基部活动，寻觅稻飞虱及叶蝉的卵，以口针插入卵内吮取卵液。黑肩绿盲蝽喜在湿润、水稻生长嫩绿且稻虱发生多的田块活动，一头黑肩绿盲蝽一生（若虫和成虫）能取食稻虱卵170～230粒，是稻虱和稻叶蝉卵期的重要天敌，但对农药特别敏感。

图6-8　黑肩绿盲蝽

尖沟宽黾蝽 *Microuelia hruathi* Lundblad

形态识别　成虫体长1.7～2.0毫米。分为无翅型及有翅型个体，全体褐黑色。头向前突出，呈三角形，比胸部为短，中央有一条黑色隆线。复眼向两侧突出。触角4节，第1～3节淡褐色，第4节最长，褐色。有翅型，其前翅长过腹部末端，翅脉及两侧暗褐色，翅面上有数个明显白斑(图6-9)。

生活习性　成、若虫均在稻田、沟间水面生活，行动活泼，当发现猎物落于水面时，即迅速滑行前去，一头宽黾蝽捕到猎物时，会有4、5头宽黾蝽同时聚集而来一起捕食。以捕食落入水面的低龄飞虱、叶蝉若虫为主。具有一定的趋光性，易受露晒田的影响。尖沟宽黾蝽对广谱性有机磷农药颇为敏感，施药后的稻田，其种群数量会迅速下降。

图6-9 尖沟宽黾蝽

长棘猎蝽 *Polididus armatissimus* Stål

形态识别   成虫体长8～9毫米。体淡黄褐色。头前端两侧各有一个锐刺。触角4节，黄褐色，第1节最长。前胸背板上着生锐刺数个，其两后缘角各具一长刺，小盾片上有3根长刺。各足腿节及前足胫节均具刺，腹部各节两侧具刺（图6-10）。

生活习性   本种多在稻丛间及田边杂草丛间活动，猎食各种飞虱和稻田内的昆虫。

图6-10 长棘猎蝽

青翅蚁形隐翅甲 *Paederus fuscipes* Curtis

形态识别　成虫体长5～7毫米。头部黑色。鞘翅黑色，带有青蓝色的金属光泽。腹末端2节及一对尾须黑色。前胸背板和鞘翅后4节腹部背板为红褐色（图6-11）。

生活习性　在稻田内捕食稻飞虱、叶蝉、三化螟初孵幼虫、稻纵卷叶螟卵及幼虫等，能进入卷叶苞内捕食。

图6-11　青翅蚁形隐翅甲

黑隐翅甲 *Carpelimus* sp.

形态识别　成虫体长约3毫米。体、鞘翅黑褐色，足棕黄色，触角棕褐色，腹部各节间色淡（图6-12）。

生活习性　捕食稻飞虱、叶蝉若虫，常群集出现。

图6-12　黑隐翅甲

稻红瓢虫 *Micraspis discolor* (Fabricius)

形态识别　成虫体长3.7～5.0毫米。全体红至橘红色，复眼黑色。前胸背板沿基缘的中部有弧形的黑斑，鞘翅缝合处黑色，鞘翅外缘为细黑边(图6-13)。

生活习性　稻红瓢虫的幼虫常生活于稻飞虱的群体中，捕食稻飞虱；成虫有时捕食虫卵，有兼食水稻花粉及花药习性，但对水稻为害不大。

图6-13　稻红瓢虫

黑脊蟌 *Ischnura* sp.

形态识别 成虫体长约20毫米。体橘黄或青绿色，纤细。胸腹部背面中央有一条较宽的连续黑纵线，腹面中央为不连续的细黑线。四翅大小、形状相似（图6-14）。

生活习性 成虫活动在稻丛中、下部，捕食飞虱等小型昆虫。

图6-14　黑脊蟌

赤卒 *Crocothemis servillia* Drury

形态识别 成虫体长约50毫米，全体赤色。翅基具金黄色斑。触角黑色。翅痣边缘黑色，其内为金黄色（图6-15）。

生活习性 成虫在稻田中可捕食稻飞虱、叶蝉等害虫。

图6-15 赤卒

草间钻头蛛 *Hylyphantes graminicola* (Sundevall)

形态识别　成蛛体长2.5～3.0毫米。头胸部黄褐色或赤褐色，扁平，无隆起；腹部灰褐色，长椭圆形，密生细毛；足黄褐色（图6-16）。

生活习性　在水稻分蘖期后发生数量最多，在稻丛基部结不规则小网，常离网游猎捕食在稻丛内活动的小型昆虫，是水稻飞虱、叶蝉等害虫的重要天敌。

图6-16　草间钻头蛛

隆背微蛛 *Erigone prominens* Boes. et Str.

形态识别　成蛛体长1.5～2.0毫米。头部明显隆起，背甲两侧边缘有13～14个小齿，均匀排列。螯肢外侧有6～7个尖齿，排成单行（图6-17）。

生活习性　在稻丛基部活动并结不规则小网，常离网游猎捕食飞虱，但在稻田内发生数量较少。

图6-17　隆背微蛛

食虫沟瘤蛛 *Ummeliata insecticeps* Boes. et Str.

形态识别　成蛛体长2.5～3.0毫米。雄蛛头胸部赤褐色，头及胸部明显隆起，在前、后两隆起之间有一深横沟。雌蛛头胸部隆起不明显，横沟不显现，但螯肢基部膨大，与背甲同为红褐色（图6-18）。

生活习性　食虫沟瘤蛛的繁殖力强，在水稻插秧后数量迅速增长，至分蘖后期种群数量增长相当大。它喜阴好湿，多活动在稻丛基部并结不规则小网，常离网游猎捕食飞虱等。卵以白色丝网包裹其内形成近圆形的卵囊，粘附在稻丛基部叶片或叶鞘上。

图6-18　食虫沟瘤蛛

驼背额角蛛 *Gnathonarium gibberum* Ol.

形态识别 成蛛体长2.2～2.5毫米。雄蛛头部自眼区后方明显高耸呈瘤状，除后中眼分隔较远外，其余各眼几乎集合成一群。螯肢外侧有摩擦脊，前方有一个尖锐的齿突。雌蛛眼后无瘤，但眼区及眼区后方隆起，螯肢上无齿突（图6-19）。

生活习性 驼背额角蛛的生活习性与食虫沟瘤蛛相似，但发生数量较少。

图6-19　驼背额角蛛

八斑鞘腹蛛 *Theridium octomaculatum* Boes. et Str.

形态识别　成蛛体长2~3毫米。多呈白色、黄白色，也有的呈淡褐色。颈沟明显，背中窝处有褐色纵斑。腹部圆球形，背面两侧有纵行两列8个小黑点（雌蛛），雄蛛为6个小黑点。卵囊附于雌蛛的腹部末端（图6-20）。

生活习性　在稻田内较常见，多在稻丛基部结不规则小网，捕捉飞虱和小型昆虫，很少离网活动。

图6-20　八斑鞘腹蛛

四点亮腹蛛 *Singa pygmaea* (Sundvall)

形态识别　成蛛体长3~4毫米。头胸部褐色，步足黄褐色。幼蛛腹部背面黄白色，有两对黑点。成蛛腹部淡赤褐色，也有2对黑点（图6-21）。

生活习性　成蛛在稻丛基部结小网，产卵时折卷水稻叶尖成粽子状形成卵室，卵产在其内，产卵后在卵室的外部用丝缠绕。成、幼蛛捕食稻飞虱及小型昆虫，为稻田内常见的蜘蛛类群之一。

图6-21　四点亮腹蛛

角类肥蛛 *Lariniodes cornuta* (Clerck)

形态识别　雌成蛛体长10~12毫米，雄成蛛体长8~9毫米。背甲褐色，正中央有2条黄褐色细纵线。腹部背面黄白色，有黑褐色左右对称的叶状斑纹及黑色小圆点。步足黄灰至黄褐色，各节端部深褐色（图6-22）。

生活习性　角类肥蛛在稻株丛间编织圆网，捕捉有翅飞虱及小型昆虫。

图6-22　角类肥蛛

沟渠豹蛛 *Pardosa laura* Karsch

形态识别　成蛛体长5～6毫米。头胸部黑褐色，背甲中央有一条黄褐色纵线，前端钝圆，后端较细，其两侧有深褐色侧斑。腹部中央黄褐色，两侧有2对黑斑和许多小黑点（图6-23）。

生活习性　生活在稻丛基部近水面处，游猎于稻丛间及田埂、地面上，捕食飞虱等。

图6-23　沟渠豹蛛

拟水狼蛛 *Pirata subpiraticus* Boes. et Str.

形态识别 成蛛体长6~8毫米。头胸部黄褐色，背甲中央上半部有较宽的 "V"形的褐色斑纹，其下方有一条褐色纵线，背甲两侧有淡褐色纵斑。腹部黄褐色，背面中央有两列不明显的纵行黑褐色斑纹（图6-24）。

生活习性 常活动于稻丛基部近水面处，是稻田中发生数量较多、捕食飞虱的蜘蛛种类。

图6-24 拟水狼蛛

拟环纹豹蛛 *Lycosa pseudoannulata* (Boes. et Str.)

形态识别　雌成蛛体长10～12毫米，雄成蛛体长8～9毫米。胸部中央有1条深色短纵线，其两侧各有暗褐色侧纵斑。胸甲腹面棕黄色，两侧各有3个近圆形的黑色斑点，分别位于步足的基节之间，清晰可见。腹部暗褐色，多毛，腹背中部有5～6条棕黄色较宽的横条斑，斑内有小黑点（图6-25）。

生活习性　体色随栖息的土壤环境、不同季节而变异为深色或浅色型。幼蛛孵化后群集于雌成蛛体背，第2次蜕皮后才离开母体自由猎食，是捕食飞虱、叶蝉、螟虫幼虫等稻田内害虫的重要蜘蛛之一。

图6-25　拟环纹豹蛛

棕管巢蛛 *Clubiona japonicola* Boes. et Str.

形态识别 雌成蛛体长8～9毫米；雄成蛛体长8毫米左右。头部淡褐色；胸部黄褐色，中央有1条深色短纵线，其两侧有不明显的放射状纹。螯肢及螯爪深褐色、粗大，伸向头的前方。眼两列，后列眼宽于前列眼。腹部黄褐色，密生细毛（图6-26）。

生活习性 生殖期间，雌、雄成蛛共同生活于管巢内。产卵时雌成蛛将稻叶三折做成粽子形卵室，产卵于其中，雌成蛛待卵孵化后才会离开卵室。主要捕食飞虱、叶蝉，也能钻进稻纵卷叶螟、稻苞虫的卷叶苞内捕食其幼虫。

图6-26 棕管巢蛛

三突花蛛 *Misumena tricuspidata* (Fabricius)

形态识别　雌成蛛体长4～6毫米，雄成蛛3～4毫米。体色依环境而多变，常为黄色、白色、绿色等。体形似蟹。头胸部呈梨形，前窄后宽，背面有红棕色斑纹。单眼排成2排，每排4个，各眼均着生于眼丘上，其中以前排两侧眼较大。雄成蛛触肢短小，末端交配器好似一面小圆镜，其一侧边缘有3个小尖突，故名三突花蛛（图6-27）。

生活习性　生活在稻田中，不结网，白天在稻株上巡游猎食飞虱等。

图6-27　三突花蛛

菱头跳蛛 *Bianar hotingchlehi* Schentel

形态识别 雌成蛛体长约8毫米，雄成蛛约6毫米。头胸部黑褐色，菱形，中央有一灰白色斑。眼区色深，前排中间一对眼特别大。第一对步足远比其余步足长大，其胫节上有三对刺。腹部深黄褐色，腹背有不明显白斑（图6-28）。

生活习性 不结网，善跳。常徘徊游猎于稻株上捕食飞虱等小型昆虫。

图6-28　菱头跳蛛

长腹跳蛛 *Marpissa elongata* Karsch

形态识别　成蛛体长7～8毫米。全体黑褐色，背甲前部中间有一对白斑，中后部具放射状白斑。腹部背面有4条"人"形横列白斑。步足具轮纹（图6-29）。

生活习性　在水稻茎、叶间活动，捕食飞虱等，发生数量较少。

图6-29　长腹跳蛛

华丽肖蛸 *Tetragnatha nitens* (Audouin)

形态识别 成蛛体长13毫米（雌）或10毫米（雄）左右。头胸部、螯肢赤褐色，步足褐色。腹部细长，圆锥形。螯肢的螯基约与头胸部等长，螯基顶端有1～3个锐齿突，螯爪略扭曲（图6-30）。

生活习性 水稻生长早、中期在稻田内较常见，捕食稻飞虱和小型昆虫。

图6-30 华丽肖蛸

锥腹肖蛸 *Tetragnatha japonica* Boes. et Str.

形态识别　雌成蛛体长8~11毫米，雄成蛛约7毫米。头胸部及螯肢棕色或褐黄色。螯基与头胸部等长或稍短，螯基顶端无锐刺突，雄蛛螯基近顶端外侧有一弯曲的长刺突。腹部细长，前端较粗，后端较细，背面密布银鳞斑（图6-31）。

生活习性　稻田内较常见，与华丽肖蛸混同发生，捕食稻飞虱和小型昆虫。

图6-31　锥腹肖蛸

斑足肖蛸 *Tetragnatha* sp.

形态识别　成蛛体长5～7毫米。头胸及螯肢褐色，螯肢短。腹部略长于头胸部，表面具银鳞斑。各足关节和节间处具黑斑（图6-32）。

生活习性　稻田中较少见，捕食飞虱等小型昆虫。

图6-32　斑足肖蛸

圆尾肖蛸 *Tetragnatha shikokiana* Yaginuma

形态识别　雌成蛛体长8～9毫米，雄成蛛6～7毫米。头胸部和足淡黄褐色。雌蛛螯肢的螯基与头胸部长度的一半略长，雄蛛螯基接近头胸部的长度。腹部有白色银鳞，背中央有明显的黑褐色分枝状的纵条纹，腹部末端较圆（图6-33）。

生活习性　稻田内较常见，与华丽肖蛸混同发生，捕食稻飞虱和小型昆虫。

图6-33　圆尾肖蛸

四斑锯螯蛛 *Dyschiriognatha quadrimaculata* Boes. et Str.

形态识别　成蛛体长2.5~4.0毫米。螯肢和头胸部红褐色，背甲中央有一深棕红色的菱形斑。腹部椭圆形，背面灰色，有四个灰黑色圆斑，其形状多变异（图6-34）。

生活习性　不结网，在稻丛基部活动，捕食飞虱等小型昆虫。

图6-34　四斑锯螯蛛

参考文献

陈遹年，吴进才，马飞. 2003. 褐飞虱研究与防治. 北京：中国农业出版社

李汝铎，丁锦华，胡国文等. 1996. 褐飞虱及其种群管理. 上海：复旦大学
    出版社

何俊华，庞雄飞等. 1986. 水稻害虫天敌图说. 上海：上海科学技术出版社

西北农学院. 1981. 农业昆虫学. 北京：农业出版社

Heong K L, Hardy B. 2009. Planthoppers: New Threats to The Sustainability
    of Intensive Rice Production Systems in Asia. Los Banos(Philippines):
    International Rice Research Institute